中国地质大学（武汉）实验教学系列教材

中国地质大学（武汉）实验教材项目资助（SJC—201908）

数字电子技术基础
实验指导书

SHUZI DIANZI JISHU JICHU SHIYAN ZHIDAOSHU

主　编 ◎ 许鸿文

副主编 ◎ 余蓓蓓　胡志敏
　　　　　汪　文　赵　娟
　　　　　郭红想　张祥莉
　　　　　高　瞿

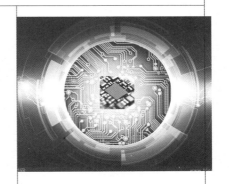

中国地质大学出版社

ZHONGGUO DIZHI DAXUE CHUBANSHE

图书在版编目(CIP)数据

数字电子技术基础实验指导书/许鸿文主编．—武汉:中国地质大学出版社,2021.4
ISBN 978-7-5625-5007-5

Ⅰ.①数…
Ⅱ.①许…
Ⅲ.①数字电路-电子技术-教材
Ⅳ.①TN79

中国版本图书馆 CIP 数据核字(2021)第 067865 号

数字电子技术基础实验指导书	许鸿文 主编
责任编辑:彭 琳	责任校对:张咏梅

出版发行:中国地质大学出版社(武汉市洪山区鲁磨路388号)	邮政编码:430074
电 话:(027)67883511 传 真:(027)67883580	E-mail:cbb@cug.edu.cn
经 销:全国新华书店	http://cugp.cug.edu.cn
开本:787 毫米×1092 毫米 1/16	字数:82 千字 印张:4.25
版次:2021 年 4 月第 1 版	印次:2021 年 4 月第 1 次印刷
印刷:武汉市籍缘印刷厂	印数:1—500 册
ISBN 978-7-5625-5007-5	定价:20.00 元

如有印装质量问题请与印刷厂联系调换

中国地质大学(武汉)实验教学系列教材

编委会名单

主　任：王　华

副主任：徐四平　周建伟

编委会成员：(按姓氏笔画排序)

文国军　公衍生　孙自永　孙文沛　朱红涛

毕克成　刘　芳　刘良辉　肖建忠　陈　刚

吴　柯　杨　喆　吴元保　张光勇　郝　亮

龚　健　童恒建　窦　斌　熊永华　潘　雄

选题策划：

毕克成　李国昌　张晓红　王凤林

前　言

"数字电子技术基础"是工科院校中的通识课程,一般要求绝大多数电子信息类专业的学生将它当作必修课程,以保证学生能够掌握电路理论和电子信息技术方面必要的基础性知识。《数字电子技术基础实验指导书》是学习实践数字电子技术的重要指导用书。随着我国战略新兴行业的兴起和传统产业的改造升级,各行业对专业人才的需求发生了重大变化,对传统工科专业提出了改造升级的新要求,形成了"互联网＋""人工智能＋"等专业建设新思路,促使相关专业在培养方案中积极增设电子信息类课程以提高学生的就业竞争力。数字电子技术基础是电类专业的重要基础课程,是学校电子信息工程、通信工程、自动化、测控技术与仪器、机械制造及自动化等专业的必修课程,也是单片机、数字系统设计、人工智能等后继课程的重要基础课程。目前在我国面临复杂的国际形势和迫切的国内创新创业的需求下,我国的电子科学技术正在快速发展,新器件、新产品和新方法也在不断涌现,但是学习这些最新的知识必须以"数字电子技术基础"这门课程为基础。在"数字电子技术基础"的学习过程中,一本合适的实验教材将对提高学生的独立思考能力、动手能力以及理论结合实际的能力具有重要作用。

本书在内容上完全按照我国电子技术的实际发展需求来撰写,同时参考了数字电子技术方面的经典教材,如华中科技大学康华光教授主编的《电子技术基础(数字部分)》、清华大学阎石教授主编的《数字电路技术基础》等。本书汇集了我国近年来在电子技术上取得的优秀教学成果,可以增强学生对我国电子技术发展的自信心。同时结合学校自用的试验箱,并参照学校相关电类专业的培养计划,按照实际教学需求完成了内容的编排工作。

本书还汲取了学校电子信息类相关教师指导全国大学生电子竞赛、全国工程机器人大赛的相关经验,总结了相关的重要知识点,力争在实验内容设置上加强学生对关键知识点的掌握,并提高学生独立思考的能力。在难度设置上,本书由浅入深,逐步增强学生的学习自信心,力争培养出具有良好的专业基础能力、较好的动手能力及良好进取精神的学生,对培养电子信息类各专业学生的自主创新创业能力具有良好的推动作用。

本书在教学方法上紧跟时代步伐,充分利用现代教学手段,不仅可以指导学生在实验室完成实验,还可以通过虚拟实验相关软件远程指导学生在校外完成实验,或者指导学生在家中提前完成虚拟实验,然后回到实验室进一步完善实验过程。本书的这一教学特色对提高学生独立学习能力进而培养自主学习意识具有重要作用。

本书在撰写过程中参考了许多专家的学术观点，在此对这些专家学者表示衷心感谢，同时感谢中国地质大学（武汉）实验教材项目资助，以及中国地质大学出版社的编辑老师。

由于本书编者能力所限，虽然尽量避免书中的不足和疏漏，但恐怕仍然会有遗漏，请读者给予批评指正！

编　者

2020 年 12 月于武汉

目 录

实验环境简介 ……………………………………………………………………………… (1)

实验一　门电路基本逻辑功能 …………………………………………………………… (3)

  一、实验目的 ……………………………………………………………………………… (3)

  二、实验仪器与设备 ……………………………………………………………………… (3)

  三、预习要求 ……………………………………………………………………………… (3)

  四、实验内容与步骤 ……………………………………………………………………… (3)

  五、实验报告 ……………………………………………………………………………… (6)

  六、仿真实验 ……………………………………………………………………………… (6)

实验二　组合逻辑电路实验 ……………………………………………………………… (14)

  一、实验目的 ……………………………………………………………………………… (14)

  二、实验仪器与设备 ……………………………………………………………………… (14)

  三、预习要求 ……………………………………………………………………………… (14)

  四、实验内容与步骤 ……………………………………………………………………… (14)

  五、实验报告 ……………………………………………………………………………… (17)

  六、仿真实验 ……………………………………………………………………………… (17)

实验三　译码器及其应用 ………………………………………………………………… (20)

  一、实验目的 ……………………………………………………………………………… (20)

  二、实验器材 ……………………………………………………………………………… (20)

  三、预习要求 ……………………………………………………………………………… (20)

  四、实验内容与步骤 ……………………………………………………………………… (20)

  五、实验报告 ……………………………………………………………………………… (23)

  六、仿真实验 ……………………………………………………………………………… (23)

实验四　基本触发器 ……………………………………………………………………… (26)

  一、实验目的 ……………………………………………………………………………… (26)

  二、实验仪器与设备 ……………………………………………………………………… (26)

三、预习要求 ……………………………………………………………………… (26)
　　四、实验内容与步骤 ……………………………………………………………… (26)
　　五、实验报告 ……………………………………………………………………… (29)
　　六、仿真实验 ……………………………………………………………………… (29)

实验五　集成计数器及寄存器 …………………………………………………… (32)
　　一、实验目的 ……………………………………………………………………… (32)
　　二、实验仪器与设备 ……………………………………………………………… (32)
　　三、预习要求 ……………………………………………………………………… (32)
　　四、实验内容与步骤 ……………………………………………………………… (32)
　　五、实验报告 ……………………………………………………………………… (35)
　　六、仿真实验 ……………………………………………………………………… (35)

实验六　计数器及显示译码电路 ………………………………………………… (37)
　　一、实验目的 ……………………………………………………………………… (37)
　　二、实验仪器与设备 ……………………………………………………………… (37)
　　三、预习要求 ……………………………………………………………………… (37)
　　四、实验内容与步骤 ……………………………………………………………… (37)
　　五、实验报告 ……………………………………………………………………… (41)
　　六、实验仿真 ……………………………………………………………………… (41)

实验七　555的应用 ……………………………………………………………… (46)
　　一、实验目的 ……………………………………………………………………… (46)
　　二、实验仪器与设备 ……………………………………………………………… (46)
　　三、预习要求 ……………………………………………………………………… (46)
　　四、实验内容与步骤 ……………………………………………………………… (51)
　　五、实验报告 ……………………………………………………………………… (53)
　　六、仿真实验 ……………………………………………………………………… (53)

附　录　常用芯片引脚图 ………………………………………………………… (55)

主要参考文献 ……………………………………………………………………… (59)

实验环境简介

中国地质大学(武汉)目前已建有数字电路实验室供电子信息类各专业的学生使用。下图是该实验室使用的数字电子技术基础试验箱面板。

虚拟实验部分说明

本书每个实验的仿真实验环节均使用美国国家仪器有限公司推出的Multisim虚拟测试软件完成相关实验。该软件里的仪器仪表种类齐全,有一般实验用的通用仪器,如万用表、函数信号发生器、双踪示波器、直流电源;还有一般实验室少有或没有的仪器,如波特图仪、逻辑分析仪、逻辑转换器、失真仪、频谱分析仪和网络分析仪等。

  Multisim 具有较为详细的电路分析功能,可以完成电路的瞬态分析和稳态分析、时域和频域分析、器件的线性和非线性分析、电路的噪声分析和失真分析、离散傅里叶分析、电路零极点分析与交直流灵敏度分析等电路分析方法,便于帮助设计人员分析电路的性能。

  Multisim 可以实现计算机仿真设计与虚拟实验,与传统的电子电路设计和实验方法相比,具有如下特点:

(1)设计与实验同步进行,可以边设计边实验,便于修改调试;

(2)设计和实验用的元器件及测试仪器仪表齐全,可以完成各种类型的电路设计与实验;

(3)可方便地对电路参数进行测试和分析;

(4)可直接打印输出实验数据、测试参数、曲线和电路原理图;

(5)实验中不消耗实际的元器件,实验所需元器件的种类和数量不受限制,实验成本低,速度快,效率高;

(6)实验成功的电路可以直接在产品中使用。

  本书的使用者可以在实验室外(如家里)远程完成相关虚拟实验,然后到实验室进一步完善实际操作。

实验一　门电路基本逻辑功能

一、实验目的

(1)熟悉门电路逻辑功能。
(2)熟悉数字电路试验箱的使用方法。

二、实验仪器与设备

数字电路试验箱,芯片 74LS00(二输入端四与非门)、74LS10(三输入端三与非门)、74LS86(二输入端四异或门)、74LS04(反相器)。

三、预习要求

(1)了解数字电路试验箱的结构和使用方法。
(2)预习门电路工作原理及逻辑功能。

四、实验内容与步骤

1. 测试门电路逻辑功能

(1)测试 74LS10 各输入端接(电平开关输出插口),输出端接电平显示发光二极管 D。

(2)测试 74LS00 各输入端接(电平开关输出插口),输出端接电平显示发光二极管 D。

(3)测试 74LS04 各输入端接(电平开关输出插口),输出端接电平显示发光二极管 D。

(4)测试 74LS86 各输入端接(电平开关输出插口),输出端接电平显示发光二极管 D。

(要求:①画出真值表;②说明每个器件的功能。)

2. 用与非门组成其他门电路并测试验证

1)组成或非门
(1)用一片二输入端四与非门组成或非门。
(2)画出电路图,测试并将实验数据写成真值表。
2)组成异或门
(1)将异或门表达式转化为与非门表达式。
(2)画出逻辑电路图。
(3)测试并将实验数据写成真值表。

3. 逻辑电路的逻辑关系

(1)用 74LS00 按图 1-1、图 1-2 接线,将输入/输出逻辑关系分别填入表 1-1、表 1-2 中。

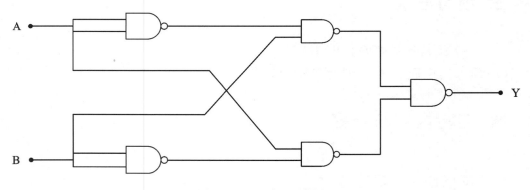

图 1-1 逻辑电路图 1

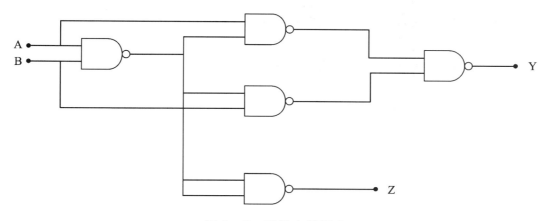

图 1-2　逻辑电路图 2

表 1-1　实验数据 1

输入		输出
A	B	Y
L	L	
L	H	
H	L	
H	H	

表 1-2　实验数据 2

输入		输出	
A	B	Y	Z
L	L		
L	H		
H	L		
H	H		

（2）写出上面两个电路图的逻辑表达式。

4. 逻辑门传输延迟时间的测量（选做题，可在 Multisim 中进行相关实验）

用六反相器（非门）按图 1-3 所示接线，输入 100 kHz 连续脉冲，用双踪示波器测输入、输出相位差，计算每个门的平均传输延迟时间 $\bar{t}_{pd}$。

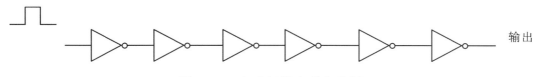

图 1-3　六反相器串联电路图

5. 利用与非门控制输出（选做题,可在 Multisim 中进行相关实验）

用一片 74LS00 芯片按图 1-4 接线,S 接任意一个电平开关。用示波器观察 S 对输出脉冲 Y 的控制作用。

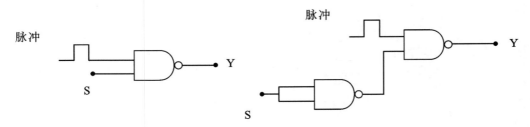

图 1-4 与非门控制输出电路图

五、实验报告

(1)按各步骤要求填表并画逻辑图。
(2)回答下列问题。
a. 怎样判断门电路逻辑功能是否正常?
b. 与非门一端输入接连续脉冲时,其余端在什么状态时允许脉冲通过? 在什么状态时禁止脉冲通过?

六、仿真实验

1. 实验基本介绍

要用到的电路仿真元器件包含:74LS86 芯片、异或门、电压表。
添加元件方法如下。

(1)74LS86 芯片:在菜单栏中,点击"绘制"—"元器件"—"ALL"系列中的 74LS86 D/N(图 1-5)。一般 D 和 N 是指封装形式,74LS00N 是 DIP 封装(即插件),74LS00D 是 SMT 封装(即贴片)。

(2)电源 V_{CC} 和 GND:点击"绘制"—"元器件"—"Sources"(图 1-6)。

(3)万用表:点击"仿真"—"仪器"—"万用表"(另外还包括示波器、函数发生器等,都可以在其中选取)(图 1-7)。

实验一 门电路基本逻辑功能

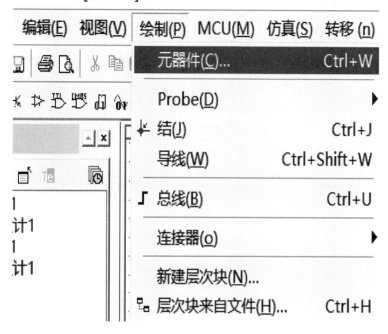

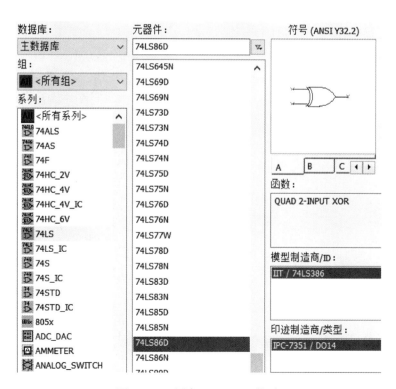

图 1-5 添加 74LS86 芯片

图 1-6 添加电源元器件

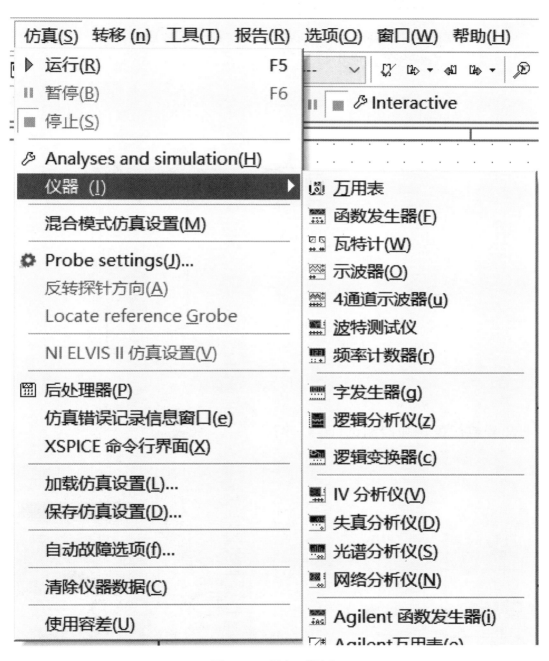

图 1-7 添加万用表

2. 测试门电路逻辑功能(图 1-8)

在 TTL 器件库中找到四输入与非门,放置好元器件后用"Ctrl+W"快捷键连线,改变输入端的电平完成实验。

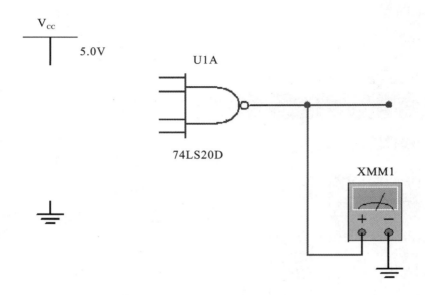

图 1-8 门电路逻辑仿真

3. 异或门逻辑功能测试(图 1-9)

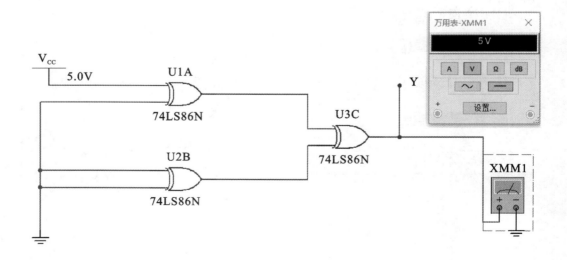

图 1-9 异或门逻辑仿真

点击菜单栏中绿色的运行按钮,给异或门 U1、U2 管脚设置高低电平,观察万用表得出实验结果。

4. 电路逻辑关系(图 1-10)

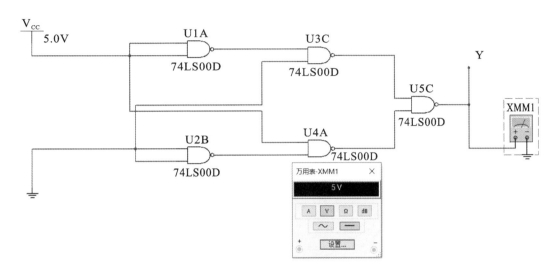

图 1-10 电路逻辑关系仿真

5. 逻辑门传输时间延迟测量(图 1-11)

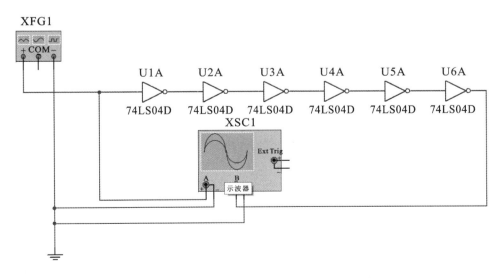

图 1-11 逻辑门传输时间延迟测量仿真

11

6. 用与非门控制输出(图 1-12、图 1-13)

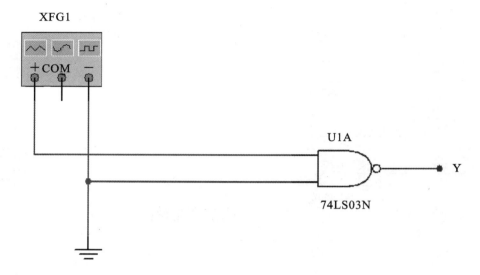

图 1-12　与非门控制输出仿真(一)

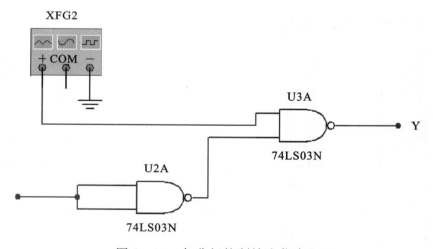

图 1-13　与非门控制输出仿真(二)

7. 用与非门组成或非门(图 1-14)

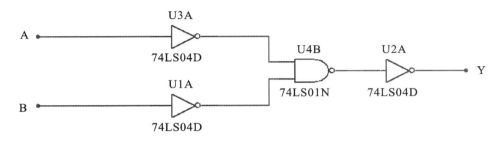

图 1-14 或非门电路仿真

8. 用与非门组成异或门(图 1-15)

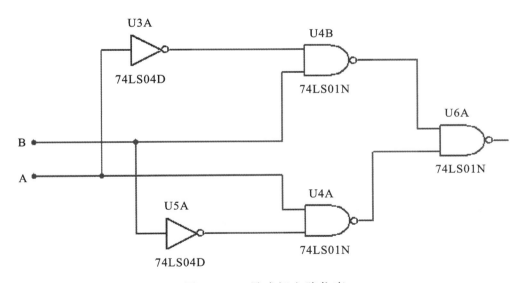

图 1-15 异或门电路仿真

实验二 组合逻辑电路实验

一、实验目的

(1)掌握组合逻辑电路的一般分析方法。
(2)熟悉组合逻辑电路的设计方法。
(3)通过实验,验证所设计的组合逻辑电路的正确性。

二、实验仪器与设备

数字电路试验箱,芯片74LS00、74LS86。

三、预习要求

(1)预习组合逻辑电路的分析方法。
(2)预习用与非门和异或门构成的半加器、全加器的工作原理。

四、实验内容与步骤

1. 组合逻辑电路分析

(1)用两片74LS00组成如图2-1所示的逻辑电路。为便于接线和检查,在图中要注明芯片编号及各引脚对应的编号。
(2)图中A、B、C接电平开关,Y_1、Y_2接发光管电平显示。
(3)按表2-1的要求,改变A、B、C的状态,填表并写出Y_1、Y_2的逻辑表达式。

（4）将运算结果与实验结果进行比较。

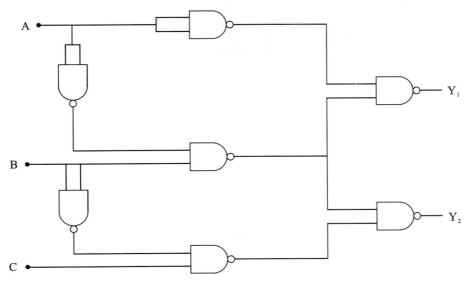

图 2-1　两片 74LS00 组成电路

表 2-1　组合逻辑真值表

输入			输出	
A	B	C	Y_1	Y_2
0	0	0		
0	0	1		
0	1	1		
1	1	1		
1	1	0		
1	0	0		
1	0	1		
0	1	0		

2. 测试全加器的逻辑功能

（1）写出如图 2-2 所示电路的逻辑表达式。

(2)根据逻辑表达式列真值表。
(3)根据真值表画逻辑函数 S_i、C_i 的卡诺图。

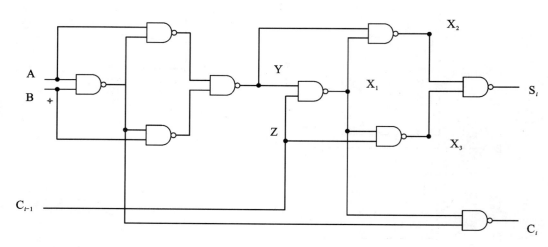

图 2-2 电路图

(4)填写表 2-2 中各点的状态。

表 2-2 实验数据

A	B	C_{i-1}	Y	Z	X_1	X_2	X_3	S_i	C_i
0	0	0							
0	0	1							
0	1	0							
0	1	1							
1	0	0							
1	0	1							
1	1	0							
1	1	1							

五、实验报告

(1)整理实验结果,记录实验,验证结果。
(2)总结组合逻辑电路的分析方法,写出设计过程。

六、仿真实验

1. 组合逻辑电路分析

仿真电路如图 2-3、图 2-4 所示,电路使用 A、B、C 输入全 0 和全 1 两种组合,其他实验值请同学们自行测量。

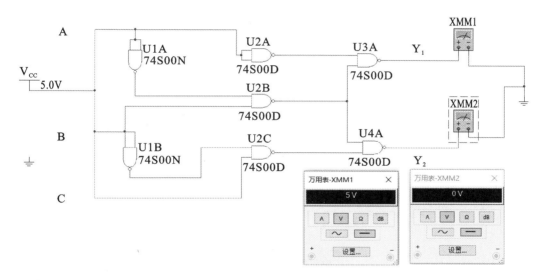

图 2-3 组合逻辑电路仿真(一)

2. 半加器逻辑功能测试(图 2-5)

设置 A、B 的状态值并用万用表测量输出端 Y、Z 的电压值完成实验。

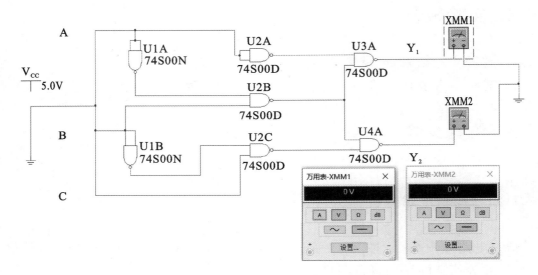

图 2-4　组合逻辑电路仿真(二)

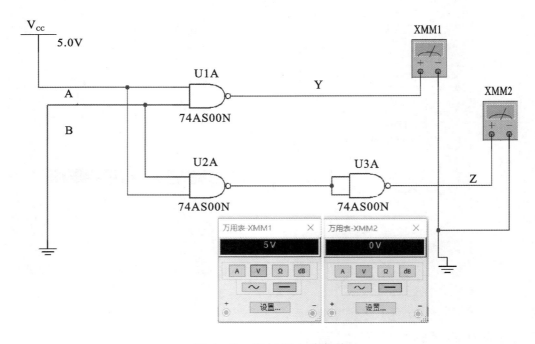

图 2-5　半加器电路仿真

3. 全加器逻辑功能测试

A、B、C_{i-1} 全接 5V 的高电平(图 2-6)。

A、B、C_{i-1} 接地时,用万用表测得实验结果(图 2-7),其余测试与此类似。

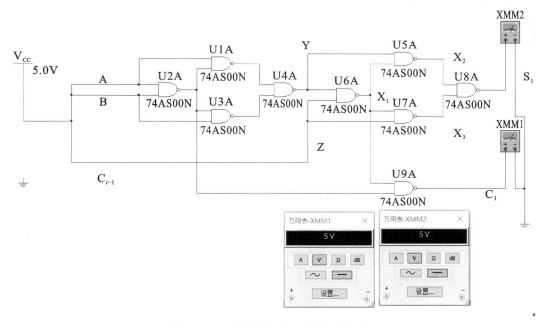

图 2-6 全加器输入高电平仿真

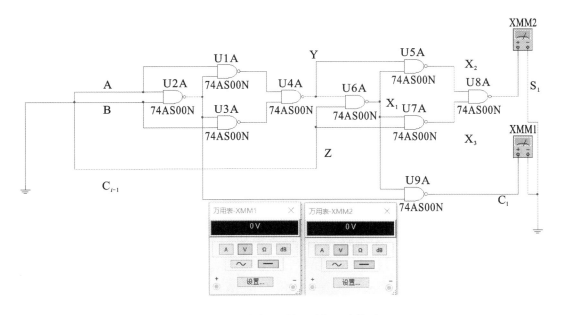

图 2-7 全加器输入低电平仿真

实验三　译码器及其应用

一、实验目的

（1）基本译码器的验证。
（2）译码器完成函数。
（3）译码器的数据分配功能。
（4）译码器的扩展。

二、实验器材

数字电路试验箱。

三、预习要求

（1）了解译码器基本功能。
（2）预习译码器的应用。

四、实验内容与步骤

1. 验证芯片 74LS138 的功能

芯片 74LS138 为 3-8 译码器，实验原理如图 3-1 所示。

实验过程：分别在 74LS138 的 A_2、A_1、A_0、E_3、$\overline{E_2}$ 和 $\overline{E_1}$ 加上高、低不同的电平，将输出接入 LED，观察输出电平，并将结果填入表 3-1 中，验证逻辑关系是否正确。

实验三 译码器及其应用

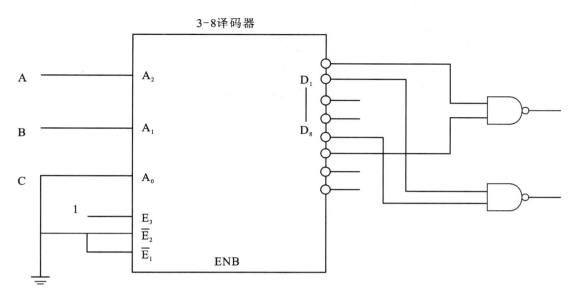

图 3-1 译码器完成函数

表 3-1 3-8译码器功能表

输入						输出							
E_3	$\overline{E_2}$	$\overline{E_1}$	A_2	A_1	A_0	$\overline{Y_0}$	$\overline{Y_1}$	$\overline{Y_2}$	$\overline{Y_3}$	$\overline{Y_4}$	$\overline{Y_5}$	$\overline{Y_6}$	$\overline{Y_7}$
×	1	×	×	×	×	1	1	1	1	1	1	1	1
×	×	1	×	×	×	1	1	1	1	1	1	1	1
0	×	×	×	×	×	1	1	1	1	1	1	1	1
1	0	0	0	0	0	0	1	1	1	1	1	1	1
1	0	0	0	0	1	1	0	1	1	1	1	1	1
1	0	0	0	1	0	1	1	0	1	1	1	1	1
1	0	0	0	1	1	1	1	1	0	1	1	1	1
1	0	0	1	0	0	1	1	1	1	0	1	1	1
1	0	0	1	0	1	1	1	1	1	1	0	1	1
1	0	0	1	1	0	1	1	1	1	1	1	0	1
1	0	0	1	1	1	1	1	1	1	1	1	1	0

2. 验证74LS138作为数据分配器时的功能（设信号从$\overline{E}_1$输入，从$\overline{Y}_5$输出）（图3-2）

实验过程：先将开关K_1闭合，测量$\overline{E}_1$引脚的电平状态和$\overline{Y}_5$引脚的电平状态；再将K_1断开，测量$\overline{E}_1$引脚的电平状态和$\overline{Y}_5$引脚的电平状态。

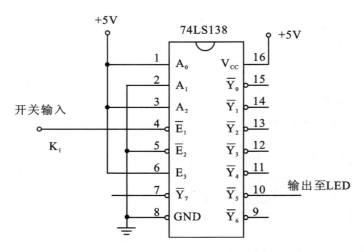

图3-2 用作数据分配器功能的电路原理图

测量结果填入表3-2中。

表3-2 实验数据

	$\overline{E}_1$引脚电压	$\overline{Y}_5$引脚电压
开关K_1闭合		
开关K_1断开		

3. 译码器的扩展（图3-3）

用两个74LS138扩展成4-16的译码器，由于本试验箱只有12个LED输出，因此在输出显示时只能分别测试，即先选择$Y_0 \sim Y_{11}$到LED输出显示，测试完成后，再测试$Y_{12} \sim Y_{15}$。

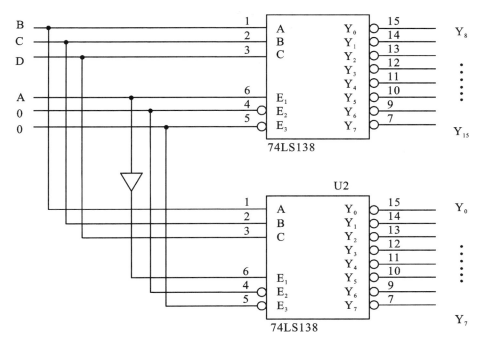

图 3-3 译码器的扩展

五、实验报告

报告要求:整理实验结果,记录实验,验证结果。

六、仿真实验

1. 译码器的验证(图 3-4)

改变输入的高低电平,并用万用表测量输出端 $Y_0 \sim Y_7$ 的电压。

2. 使用芯片 74LS138 搭建函数发生器(图 3-5)

实验中完成电路并写出函数表达式。

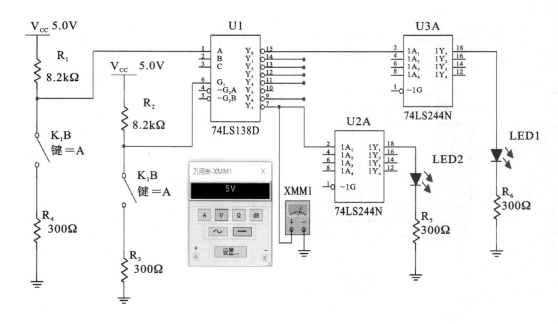

图 3-4 译码器验证仿真

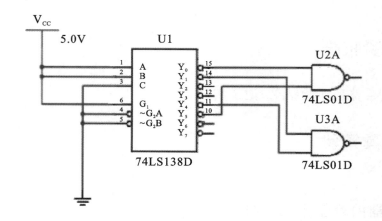

图 3-5 74LS138 作为函数发生器仿真

3. 数据分配功能验证(图 3-6)

实验中分别测量开关 K_6 断开和闭合时 E_1、Y_5 的电压。

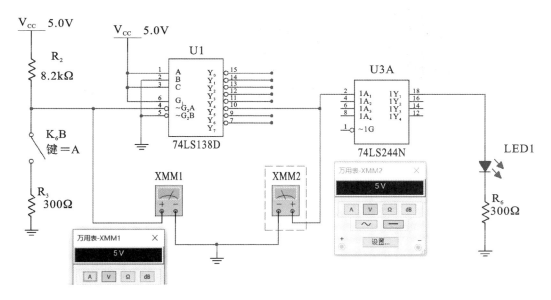

图 3-6 数据分配功能验证仿真

4. 译码器的扩展(图 3-7)

图中当 A＝0 时,74LS138(U2)工作而 74LS138(U1)不工作;当 A＝1 时,情况刚好相反。对应到输出,74LS138(U2)输出为 $Y_0 \sim Y_7$,74LS138(U1)输出为 $Y_8 \sim Y_{15}$,从而实现了 4 线—16 线的译码器。

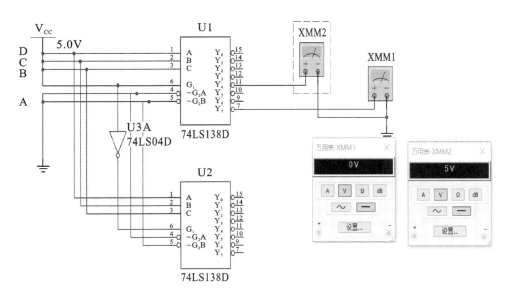

图 3-7 译码器扩展仿真

实验四　基本触发器

一、实验目的

(1) 熟悉并掌握 RS、D、JK 触发器的构成、工作原理和功能测试方法。
(2) 学会正确使用触发器集成芯片。
(3) 了解各类触发器间的区别。

二、实验仪器与设备

数字电路试验箱，芯片 74LS00、74LS74、74LS112。

三、预习要求

了解常用的几种触发器 RS、D、JK 的构成、工作原理。

四、实验内容与步骤

1. 与非门构成基本 RS 触发器（图 4‑1）

(1) 使用芯片 74LS00 完成基本 RS 触发器的制作。
(2) 列出真值表，验证 RS 触发器功能。

2. D 触发器功能测试

双 D 型触发器 74LS74 的逻辑符号如图 4‑2 所示。

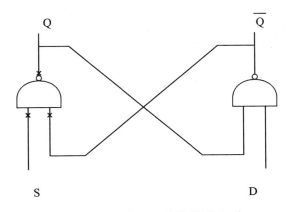

图 4-1 基本 RS 触发器的电路

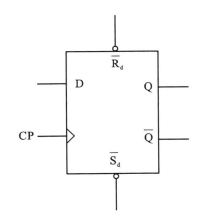

图 4-2 D 触发器逻辑符号

图中 $\overline{S}_d$、$\overline{R}_d$ 端为异步置 1 端、置 0 端(或称异步置位、复位端)。CP 为时钟脉冲端。

按下面步骤做实验。

(1)分别在 $\overline{S}_d$、$\overline{R}_d$ 端加低电平,观察并记录 Q、$\overline{Q}$ 端的状态。

(2)令 $\overline{S}_d$、$\overline{R}_d$ 端为高电平,D 端分别接高、低电平,用点动脉冲作为 CP(脉冲输入在试验箱上找),观察并记录当 CP 为 0、↑、1、↓ 时 Q 端的状态变化。

(3)当 $\overline{S}_d = \overline{R}_d = 1$、CP=0(或 CP=1)时,改变 D 端信号,观察 Q 端的状态是否变化。

整理上述实验数据,将结果填入表 4-1 中。

表 4-1 实验数据

$\overline{S}_d$	$\overline{R}_d$	CP	D	Q^n	Q^{n+1}
0	1	×	×	0	
				1	
1	0	×	×	0	
				1	
1	1		0	0	
				1	
1	1	⌐_	1	0	
				1	

3. JK 触发器功能测试

(1)分别在 $\overline{S}_d$、$\overline{R}_d$ 端加低电平,观察并记录 Q、$\overline{Q}$ 端的状态。

(2)按照表 4-2 列出实验数据,观察结果是否符合 JK 触发器的特性方程。

表 4-2 实验数据

$\overline{S}_d$	$\overline{R}_d$	CP	J	K	Q^n
0	1	×	×	×	×
1	0	×	×	×	×
1	1	⌐_	0	×	0
1	1	⌐_	1	×	0
1	1	⌐_	×	0	1
1	1	⌐_	×	1	1

4. 触发器功能转换

(1)将 D 触发器和 JK 触发器转换成 T 触发器,列出表达式,画出实验电路图。

(2)接入连续脉冲,观察各触发器 CP 及 Q 端波形并比较两者关系。
(3)整理上述实验数据,建立表格并写出特性方程。

五、实验报告

(1)记录各触发器的逻辑功能,并整理实验测试结果。
(2)比较基本 RS 触发器、JK 触发器、D 触发器的逻辑功能和触发方式有何不同。

六、仿真实验

1. 基本 RS 触发器功能测试(图 4－3)

实验时分别改变 S_d 和 R_d 所加电平并用万用表测得 Q 和 $\overline{Q}$ 的电平值。

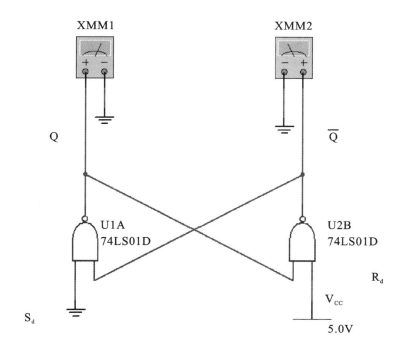

图 4－3　RS 锁存器功能测试仿真

2. D 触发器测试(图 4-4)

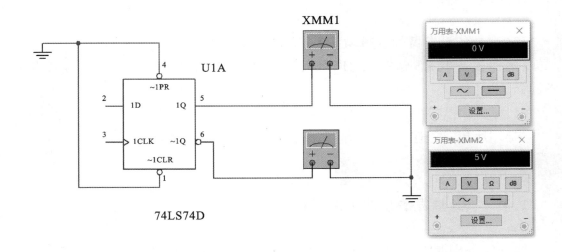

图 4-4 D 触发器功能测试仿真

3. 将 D 触发器转换成 T 触发器(图 4-5)

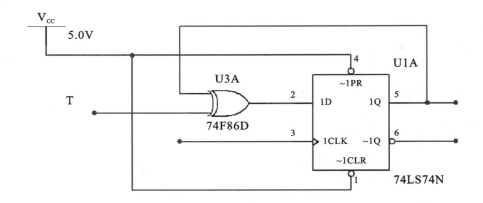

图 4-5 D 触发器转换成 T 触发器的转换示意图

4. 将 JK 触发器转换成 T 触发器(图 4-6)

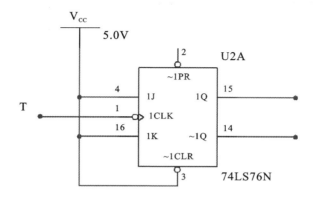

图 4-6　JK 触发器转换成 T 触发器的转换示意图

实验五 集成计数器及寄存器

一、实验目的

(1)了解二进制加法计数器的工作过程。
(2)测试寄存器逻辑功能。

二、实验仪器与设备

数字电路试验箱,芯片 74LS74、74LS00、74LS76 等。

三、预习要求

(1)复习计数器、移位寄存器的工作原理及特点。
(2)按各实验逻辑图列表分析其状态,以便通过实验验证。

四、实验内容与步骤

1. 四位异步二进制加法计数器

图 5-1 所示是用两块双 JK 触发器连接组成的四位异步二进制加法计数器参考电路图。按图 5-1 接线完毕后,在开始计数前先清零。

请完成以下任务:

(1) 在 CP_1 端加单次脉冲信号,用 LED 观察结果并将测试结果填入表 5-1 中。

(2)在 CP_1 端加连续脉冲信号,用示波器或者 LED 观察结果并记录 Q_1、Q_2、Q_3、Q_4 的输出波形。

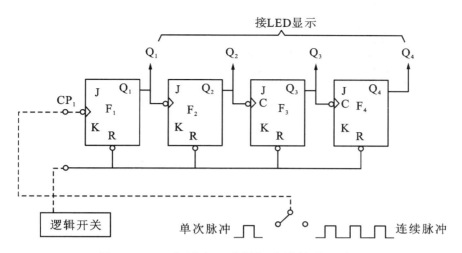

图 5-1 四位异步二进制加法计数器电路图

表 5-1 四位异步二进制加法计数器状态表

时钟序列 CP	输出				十进制数
	Q_4	Q_3	Q_2	Q_1	
0	0	0	0	0	
1					
2					
3					
4					
5					
6					
7					
8					
9					
10					
11					
12					
13					
14					
15					
16					

2. 移位寄存器

图 5-2 是四位移位寄存器的电路图,它具有并行输入、并行输出和串行输入、串行输出逻辑功能,并向左移位。

(1)在并行数据输入端 X_4、X_3、X_2、X_1 加一组代码(0101),接着使寄存器清零,再在接收命令端加一正脉冲,然后观察寄存器四位输出的状态,并记入表 5-2 中。

(2)在串行输入端置 0(相当于串行输入的数码为 0),在 CP 端逐次地加入移位脉冲,观察各 Q 端的状态,找出其中规律并说明。

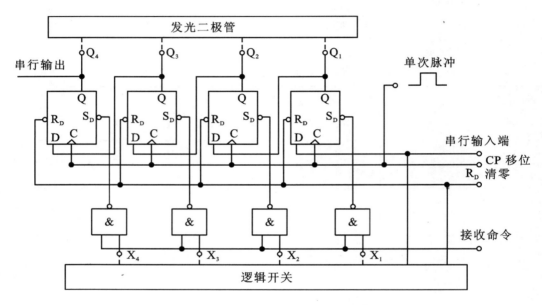

图 5-2 四位移位寄存器电路图

表 5-2 移位寄存器逻辑功能表

操作过程	寄存器中的数码				移位过程
	Q_4	Q_3	Q_2	Q_1	
清零					
置数					
CP_1					
CP_2					

续表 5-2

操作过程	寄存器中的数码				移位过程
	Q_4	Q_3	Q_2	Q_1	
CP_3					
CP_4					

五、实验报告

报告要求：整理记录实验数据，分步完成各项内容。

六、仿真实验

1. 四位异步二进制加法计数器

CLK 分别接单次脉冲和连续脉冲，按动开关 S_2 完成实验（单次脉冲如图 5-3 所示，连续脉冲自行更改输入）。

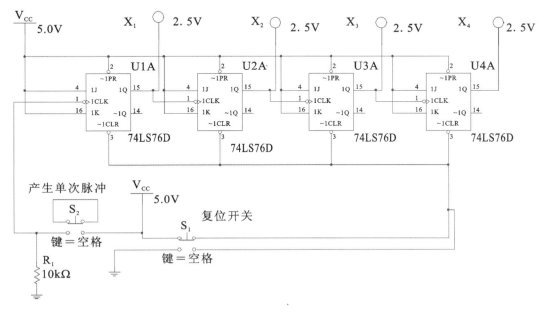

图 5-3　四位异步二进制加法计数器

2. 移位寄存器仿真实现及功能验证(图 5-4)

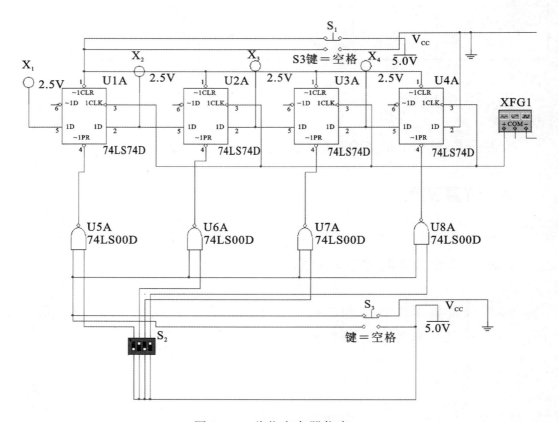

图 5-4 移位寄存器仿真

实验六　计数器及显示译码电路

一、实验目的

(1) 熟悉数字电路的计数、译码、显示电路。
(2) 了解利用中规模集成计数器电路构成任意进制计数器的方法。

二、实验仪器与设备

数字电路试验箱，芯片 74LS04、74LS00、74LS161、74LS248（已经集成在试验箱上），显示数码管。

三、预习要求

(1) 复习计数器、译码器及状态显示等部分的内容。
(2) 学习使用反馈归零法和置数法设计任意进制（N 进制）计数器的方法。

四、实验内容与步骤

1. 七段显示译码器的功能测试

图 6-1 所示为 BCD 七段译码器的功能测试电路，其中 74LS248 和数码显示管已经集成在数字电路试验箱中。输出的（8421）二进制代码从逻辑开关 K_1、K_2、K_3、K_4 直接连接到图 6-2 中译码显示器的输入端 A_0、A_1、A_2、A_3，观察七段 a～g 输出行接发光二极管状态显示器，显示其输出状态，将测试结果填入表 6-1 中。

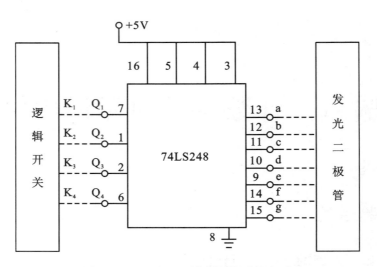

图 6-1 七段显示译码器测试电路

图 6-2 试验箱上数码管显示区域

表 6-1 七段显示译码器逻辑功能测试表

十进制数	输入				输出							字型
	K_4	K_3	K_2	K_1	a	b	c	d	e	f	g	
0	0	0	0	0								
1	0	0	0	1								
2	0	0	1	0								
3	0	0	1	1								
4	0	1	0	0								

续表 6-1

十进制数	输入				输出							字型
	K_4	K_3	K_2	K_1	a	b	c	d	e	f	g	f$\mid\overline{}\mid$b e$\mid\overline{}\mid$c $\overline{d}$
5	0	1	0	1								
6	0	1	1	0								
7	0	1	1	1								
8	1	0	0	0								
9	1	0	0	1								
10	1	0	1	0								
11	1	0	1	1								
12	1	1	0	0								
13	1	1	0	1								
14	1	1	1	0								
15	1	1	1	1								

2. 计数、译码、显示

图 6-3 所示电路中，计数器为内部超前进位的高速十进制可预置同步计数器(74LS161)，译码器是七段译码驱动电路，显示由七段共阴半导体数码管完成。首先，连接电路，清零，然后按动单次脉冲信号输入至 CP 端，把显示结果填入表 6-2 中。

由于 74LS248 芯片和数码显示已经集成在数字电路试验箱中，因此在电路连接时可直接将图 6-3 中的 74LS161 输出端 Q_A、Q_B、Q_C、Q_D 直接输出显示，即将 Q_A、Q_B、Q_C、Q_D 直接连接到图 6-2 中显示译码器的输入端 A_0、A_1、A_2、A_3。

表 6-2 计数显示

时钟脉冲	CP	0	1	2	3	4	5	6	7	8	9
显示											

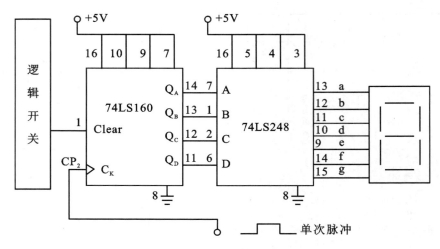

图 6-3 计数、译码、显示电路

3. 任意进制计数器

使用芯片 74LS161 可以设计任意进制计数器。如设计完成一个九进制计数器，可使用反馈清零法和反馈置数法两种方法，设计电路图并完成电路连接。芯片 74LS161 引脚功能图如表 6-3 所示。

表 6-3 74LS161 引脚功能表

CLK	R_D	L_D	E_P	E_T	工作状态
×	0	×	×	×	异步置零
⎍	1	0	×	×	同步置数
×	1	1	0	1	保持
×	1	1	×	0	保持
⎍	1	1	1	1	计数

4. 完成二十四进制的计数器(数字钟)设计

使用两片 74LS161 及其他组合逻辑芯片完成一个二十四进制计数器。要求画出电路图并连接电路,观察显示结果是否满足逻辑功能要求。

五、实验报告

(1)画出电路图,并注明引脚号。
(2)写出实验步骤,记录和分析实验中测得的结果。

六、实验仿真

1. 元器件介绍

SEVEN_SEG_COM_K 为共阴极数码管,SEVEN_SEG_COM_A 为共阳极数码管(图 6-4)。实验中应注意两者使用时的差别。数码管显示引脚如图 6-5 所示。

2. 七段译码管的测试

本实验选取共阴极数码管,如图 6-6 显示了数值 1。其他数字显示请同学们自行测试。

3. 计数译码显示

本实验使用 74LS160 芯片与 74LA47 芯片搭建仿真实验,实践计数、译码、显示功能(图 6-7)。

4. 利用同步置数法设计任意进制计数器

本实验使用两片 74LS160 芯片设计二十九进制计数器(图 6-8)。

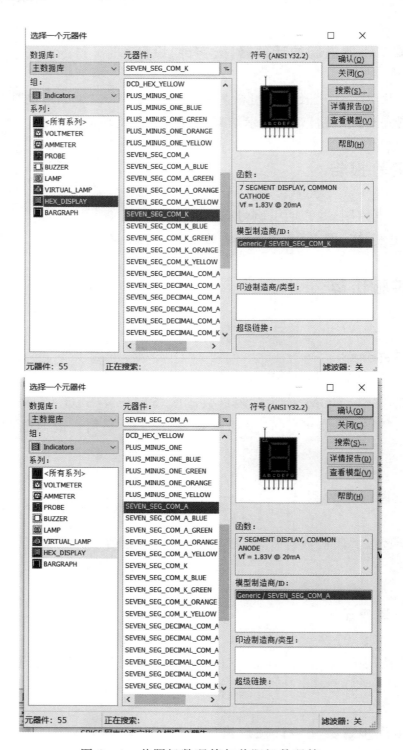

图 6-4 共阴极数码管与共阳极数码管

实验六　计数器及显示译码电路

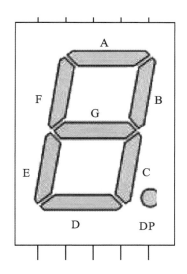

图 6-5　数码管引脚对应图

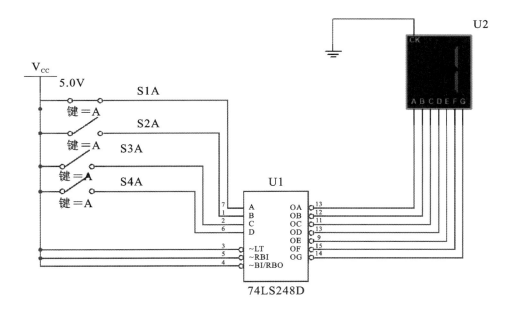

图 6-6　七段译码管显示数值 1 仿真

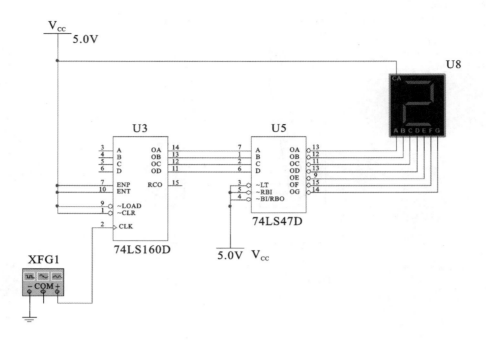

图 6-7 计数译码显示仿真

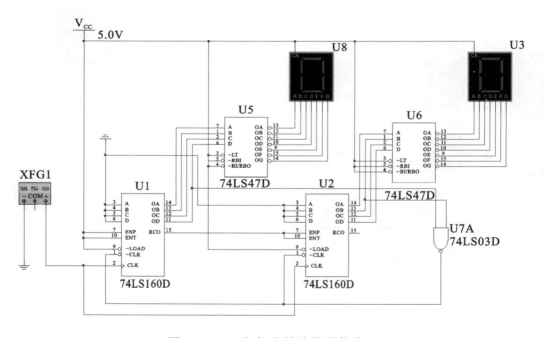

图 6-8 二十九进制计数器仿真

5. 用一片 74LS160 芯片和一片 74LS161 芯片完成二十四进制时钟计数器设计(图 6-9)

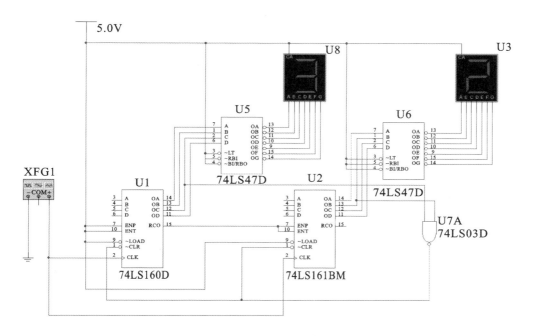

图 6-9 二十四进制时钟计数器设计仿真

实验七　555 的应用

一、实验目的

(1)熟悉 555 定时器的电路结构、工作原理和功能。
(2)掌握用 555 定时器构成多谐振荡器、单稳态触发器、施密特触发器的方法。
(3)熟悉功率函数发生器的使用方法。

二、实验仪器与设备

(1)数字电路试验箱(1 台)。
(2)功率函数发生器(1 台)。
(3)双踪示波器(1 台)。
(4)器件：NE555 定时器(1 片)。
电阻：33kΩ、5.1kΩ、20kΩ(各 1 个)；电容：0.01μF(103)、0.1μF(104)(各 1 个)。

三、预习要求

(1)了解 555 定时器的外引线排列和功能。
(2)复习 555 定时器的电路结构、工作原理和功能，以及用 555 定时器构成单稳态触发器、施密特触发器、多谐振荡器的各电路结构、工作原理和工作波形，理论上估算实验中的脉冲宽度、振荡频率等参数。
集成定时器电路习惯上称为 555 电路，这是因为内部参考电压使用了 3 个 5kΩ 的电阻分压，故取此名。555 电路是一种数字和模拟混合型的中规模集成电路,它能产生时间延迟和多种脉冲信号,应用十分广泛。其电路类型有双极型(TTL 型)和单极型(CMOS 型)两大类,两者的电路结构和工作原理类似。TTL 型产品型号最后的 3 位数码是 555 或 556,CMOS 型产品型号最后 4 位数码是 7555 或 7556。两者的逻辑功能和管脚排列完全相同,易于互换。555 芯片和 7555 芯片是单定时器,556 芯片和 7556 芯片是双定时器。双极型的电源电压 $V_{CC}=+5V\sim+16V$,单极型的电源电压 $V_{DD}=+3V\sim+18V$。

(a)555 定时器的电路结构和工作原理。555 定时器的电路结构和外管脚排列如图 7-1(a)、(b)所示。

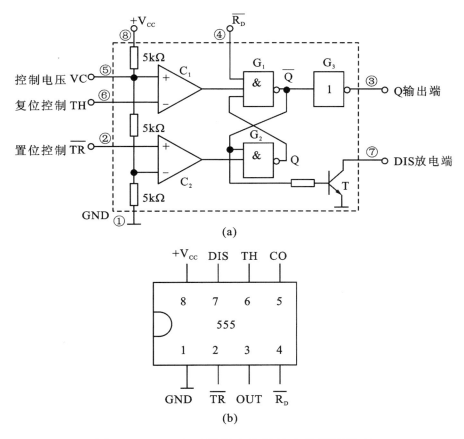

图 7-1 555 定时器的电路结构和外管脚排列

(b)定时器的应用。555 定时器主要是通过外接电阻 R 和电容器 C 构成充、放电电路,并由两个比较器来检测电容器上的电压,以确定输出电平的高低和放电开关管的通断。这就很方便地构成从微秒到数十分钟的延时电路以及由多谐振荡器、单稳态触发器、施密特触发器等脉冲波形产生和整形的电路。

如图 7-2(a)所示为用 555 定时器构成的多谐振荡器电路。电路没有稳态，只有两个暂稳态，也不需要外加触发信号，利用电源 V_{CC} 并通过 R_1 和 R_2 向电容器 C 充电，使 U_C 逐渐升高，当升到 $\frac{2}{3}V_{CC}$ 时，U_O 跳变到低电平，放电端 D 导通，这时，电容器 C 通过电阻 R_2 和 D 端放电，使 U_C 下降，降到 $\frac{1}{3}V_{CC}$ 时，U_O 跳变到高电平，D 端截止，电源 V_{CC} 又通过 R_1 和 R_2 向电容器 C 充电。如此循环，振荡不停，电容器 C 在 $\frac{1}{3}V_{CC}$ 和 $\frac{2}{3}V_{CC}$ 之间充电和放电，输出连续的矩形脉冲，其波形如图 7-2(b)所示。

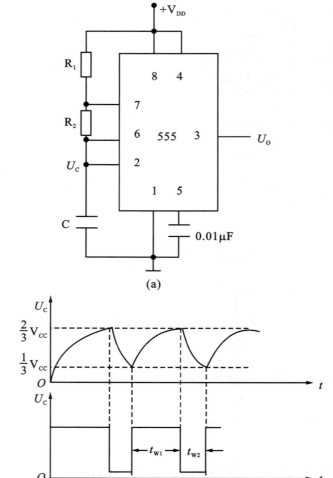

图 7-2 多谐振荡器电路及其波形

输出信号 U_O 的脉宽 t_{w1}、t_{w2} 和周期 T 的计算公式如下：

$t_{w1} = 0.7(R_1 + R_2)C$

$t_{w2} = 0.7R_2C$

$T = t_{w1} + t_{w2} = 0.7(R_1 + 2R_2)C$

555 定时器可作为施密特触发器使用[图 7-3(a)]，其触发器波形如图 7-3(b)所示。

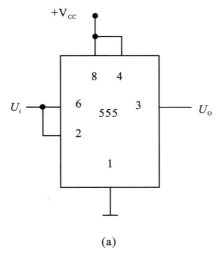

(a)

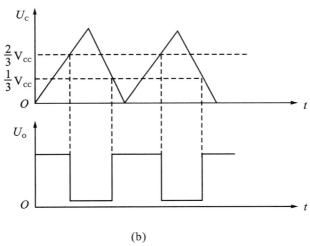

(b)

图 7-3 施密特触发器及其波形

(c)如图 7-4(a)所示为用 555 定时器构成的单稳态触发器电路。R、C 是定时元件。

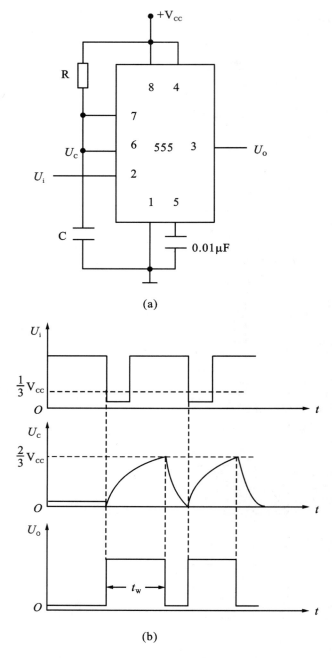

图 7-4 555触发器构成单稳态触发器

(d) 脉冲信号 U_i 加于 2 管脚。输入触发信号 U_i 的有效电平是低电平，当 U_i 处于高电平时，放电端 D 导通，U_C 和 U_o 均为低电平，电路为稳态。当输入触发信号 U_i 的下降沿到来，2 管脚电位瞬间低于 $\frac{1}{3}V_{cc}$，使输出触发信号 U_o 变为高电平,放电端 D 截止,电源 V_{CC} 通过电阻 R 向电容器 C 充电,使 U_C 按指数规律上升,电路为暂稳态。当 U_C 上升到 $\frac{2}{3}V_{CC}$ 时,输出触发信号 U_O 变为低电平,D 端导通,电容器 C 经 D 端迅速放电,暂稳态结束,自动恢复到稳态,为下一个触发脉冲的到来做好准备。波形图如 7-4(b)所示。

输出脉宽 t_W 是暂稳态的持续时间为 $t_W = 1.1RC$,此电路要求输入信号的负脉冲宽度一定要小于 t_W。

四、实验内容与步骤

1. 用 555 定时器构成多谐振荡器

实验中将 555 定时器接成如图 7-5 所示的电路,用示波器同时观察并记录 U_C(6 管脚)、U_O(3 管脚)的波形,测试出 U_O 的幅度 U_{om}、周期 T 和脉冲宽 t_{ph}、t_{pl}。

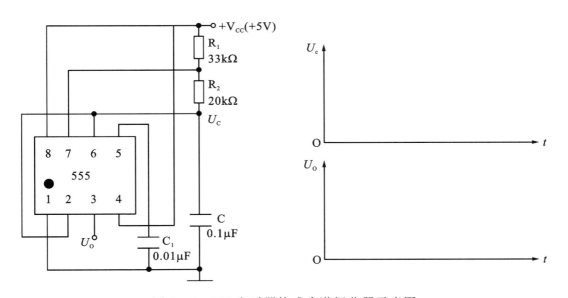

图 7-5 555 定时器构成多谐振荡器示意图

2. 用 555 定时器构成施密特触发器

实验中将 555 定时器接成如图 7-6 所示的电路,在其 2 管脚上加输入信号 U_i(U_i 是在 0~5V 间变化、f 为 1kHz 的三角波),用示波器同时观察并记录 U_i(2

管脚)、U_O(3 管脚)的波形,测出 U_O 的幅度 U_{om}、回差电压 $\Delta U_H = U_{T+} - U_{T-}$、周期 T 和脉宽 t_{ph}、t_{pl}。

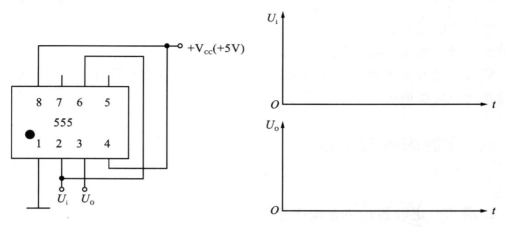

图 7-6 555 定时器构成施密特触发器示意图

3. 用 555 定时器构成单稳态触发器

实验中将 555 定时器接成如图 7-7 所示的电路,在其 2 管脚上加输入信号 U_i(U_i 是在 0~5V 间变化、f 为 1kHz 的矩形波),用示波器观察并记录 U_i(2 管脚)、U_O(3 管脚)、U_C(6 或 7 管脚)的波形,并测出 U_O 的幅度 U_{om} 和脉宽 t_{po}。

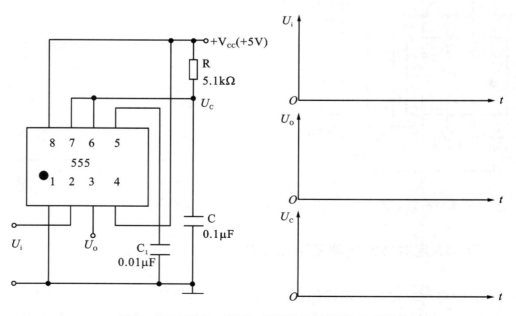

图 7-7 555 定时器构成单稳态触发器示意图

五、实验报告

(1) 画出各电路接线图和所观察的波形。
(2) 整理测量数据,将理论估算值与实际测量值进行比较分析。

六、仿真实验

1. 多谐振荡器(图 7-8)

555 定时器引脚对应:1 - GND;2 - TRI;3 - OUT;4 - RST;5 - CON;6 - THR;7 - DIS;8 - V_{CC}。

实验要求:观察并记录 U_C 和 U_O 的波形,并测得 U_O 的幅度周期和脉宽。

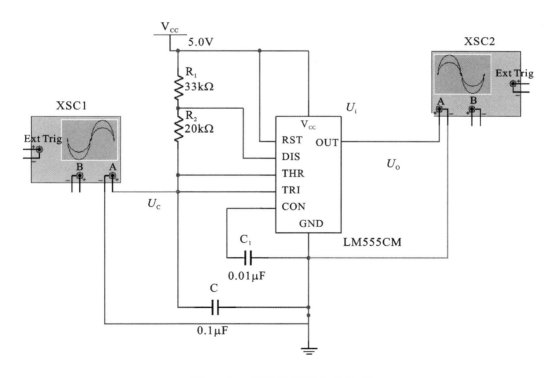

图 7-8 多谐振荡器实验仿真

2. 施密特触发器(图 7-9)

记录 U_i、U_O 的波形,并测出 U_O 的幅度和回差电压 $U_{T+}-U_{T-}$。

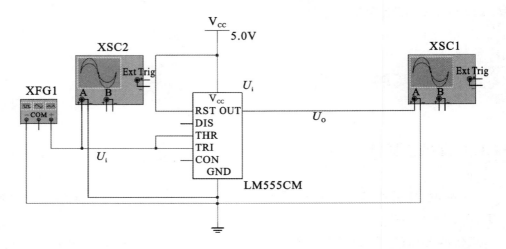

图 7-9 施密特触发器实验仿真

3. 单稳触发器(图 7-10)

记录 U_i、U_O、U_C 的波形,并测出 U_O 的幅度和脉宽。

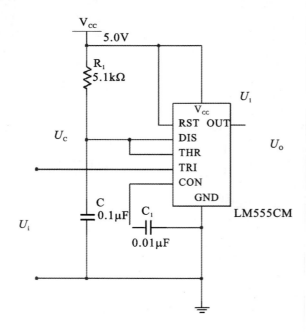

图 7-10 单稳触发器仿真

附　录　常用芯片引脚图

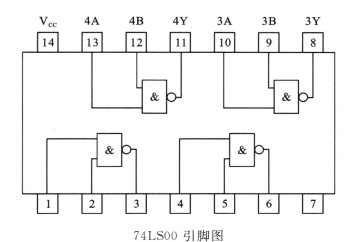

74LS00 引脚图

74LS04 引脚图

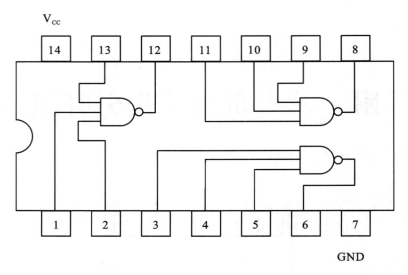

74LS10 引脚图

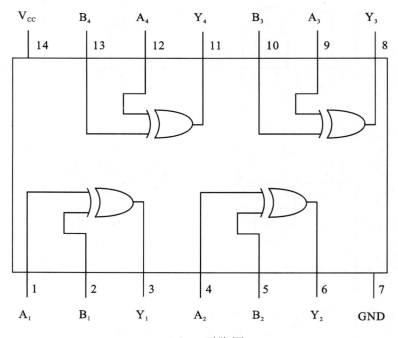

74LS86 引脚图

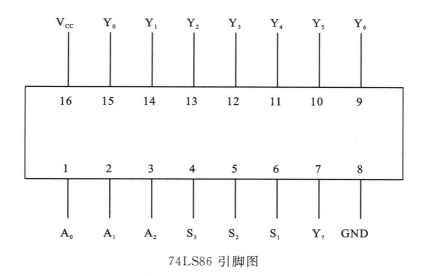

74LS86 引脚图

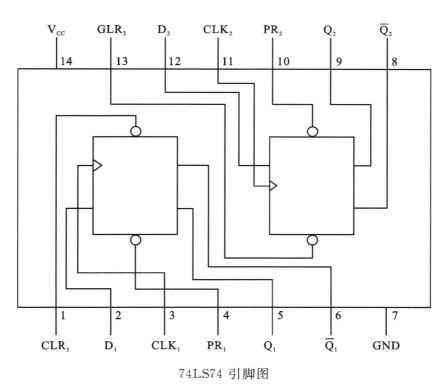

74LS74 引脚图

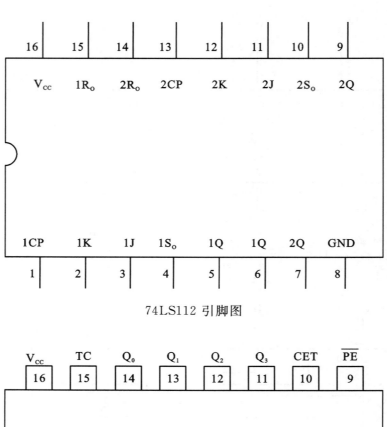

74LS112 引脚图

74LS161 引脚图

主要参考文献

康华光,张林,秦臻,等.2016.电子技术基础(数字部分)[M].高等教育出版社.
叶敦范,郭红想.2013.电工与电子技术试验[M].中国地质大学出版社有限责任公司.
阎石.2016.数字电子技术基础[M].6版.高等教育出版社.
高洪霞,于欣蕾.2015.电工电子技术实验教程[M].山东大学出版社.